BEI GRIN MACHT SICH IHR WISSEN BEZAHLT

- Wir veröffentlichen Ihre Hausarbeit, Bachelor- und Masterarbeit
- Ihr eigenes eBook und Buch - weltweit in allen wichtigen Shops
- Verdienen Sie an jedem Verkauf

Jetzt bei www.GRIN.com hochladen und kostenlos publizieren

Bibliografische Information der Deutschen Nationalbibliothek:

Die Deutsche Bibliothek verzeichnet diese Publikation in der Deutschen Nationalbibliografie; detaillierte bibliografische Daten sind im Internet über http://dnb.d-nb.de/ abrufbar.

Dieses Werk sowie alle darin enthaltenen einzelnen Beiträge und Abbildungen sind urheberrechtlich geschützt. Jede Verwertung, die nicht ausdrücklich vom Urheberrechtsschutz zugelassen ist, bedarf der vorherigen Zustimmung des Verlages. Das gilt insbesondere für Vervielfältigungen, Bearbeitungen, Übersetzungen, Mikroverfilmungen, Auswertungen durch Datenbanken und für die Einspeicherung und Verarbeitung in elektronische Systeme. Alle Rechte, auch die des auszugsweisen Nachdrucks, der fotomechanischen Wiedergabe (einschließlich Mikrokopie) sowie der Auswertung durch Datenbanken oder ähnliche Einrichtungen, vorbehalten.

Impressum:

Copyright © 2008 GRIN Verlag, Open Publishing GmbH
Druck und Bindung: Books on Demand GmbH, Norderstedt Germany
ISBN: 9783640627776

Dieses Buch bei GRIN:

http://www.grin.com/de/e-book/147998/wie-funktioniert-ein-fahrradtachometer

Katrin Bekermann

Wie funktioniert ein Fahrradtachometer?

Thematisierung unter besonderer Beachtung der Klärung der Begriffe „Momentangeschwindigkeit" und „Durchschnittsgeschwindigkeit" im projektorientierten Unterricht einer 7. Klasse

GRIN Verlag

GRIN - Your knowledge has value

Der GRIN Verlag publiziert seit 1998 wissenschaftliche Arbeiten von Studenten, Hochschullehrern und anderen Akademikern als eBook und gedrucktes Buch. Die Verlagswebsite www.grin.com ist die ideale Plattform zur Veröffentlichung von Hausarbeiten, Abschlussarbeiten, wissenschaftlichen Aufsätzen, Dissertationen und Fachbüchern.

Besuchen Sie uns im Internet:

http://www.grin.com/

http://www.facebook.com/grincom

http://www.twitter.com/grin_com

Inhaltsverzeichnis

Inhaltsverzeichnis		1
1	Einleitung	2
2	Bedingungsanalyse	3
	2.1 Lernvoraussetzungen	3
	2.2 Lehrvoraussetzungen	6
3	Sachanalyse	7
4	Didaktische Analyse	11
	4.1 Didaktische Reduktion	11
	4.2 Bildungswert des Themas	11
5	Ziele der Unterrichtseinheit	15
	5.1 Lehrziele	16
	5.2 Mögliche Lernziele der Schüler	18
6	Methodische Planung	18
7	Verlaufspläne	26
8	Materialien und erwartete Schülerlösungen	28
9	Reflexion	29
10	Literatur	31

1 Einleitung

Die Idee zum Thema dieser Ausarbeitung fand ich ohne bewusstes Suchen in Mathematik- oder Didaktikbüchern am Fahrrad meines Vaters, der täglich mit dem Rad unterwegs ist und auch gerne auch längere Strecken fährt. Er hat einen Fahrradcomputer am Fahrrad montiert. Neben vielen weiteren Funktionen dient dieser in erster Linie und traditionell dazu, Geschwindigkeiten zu ermitteln. Die Untersuchung der Funktionsweise eines Fahrradtachometers stelle ich mir als einen lebensnahen, für die Schüler[1] höchst interessanten Zugang zur Behandlung des Größenbereichs Geschwindigkeit vor. Die Schüler sollen in dieser Unterrichtseinheit auf der Grundlage der ihnen bereits bekannten Größen Länge und Zeit die zusammengesetzte Größe Geschwindigkeit und insbesondere die Begriffe „Momentangeschwindigkeit" und „Durchschnittsgeschwindigkeit" erarbeiten, wobei die Ergebnisse auf verschiedene, von den Schülern selbst bestimmte Weise dargestellt werden und so einen unterschiedlichen Abstraktionsgrad haben können. Alle Schüler sollen zumindest eine anschauliche Vorstellung der genannten Begriffe entwickeln.

Da ich in einer offenen Lernform, dem projektorientierten Unterricht, insbesondere das selbstständige Arbeiten und die Aktivität der Schüler, kooperatives Arbeiten sowie eine „Integration von Kopf- und Handarbeit" (vgl. Meyer, 2007, S. 421) anstrebe und mit diesen Merkmalen die Methodenfrage in den Mittelpunkt des Unterrichtsentwurfs stelle, stütze ich mich bei der vorliegenden Arbeit vor allem auf das Modell der dialektischen Didaktik nach Lothar Klingenberg und auch auf das Konzept des handlungsorientierten Unterrichts, das unter anderem von Hilbert Meyer vertreten wird (vgl. Jank & Meyer, 2005, S. 241 ff. & S. 314 ff.).
Eine Herausforderung und Neuheit ist dabei für mich die theoretische Planung und Gestaltung des projektorientierten Unterrichts. Wie ich noch erläutern werde, geht es dabei nicht um den Projektunterricht in seiner idealen Form, sondern um einen Unterricht, in dem Schüler und Lehrer gemeinsam planen, die Schüler also Ziele, Aufgaben, das Vorgehen sowie die Form der Arbeitsergebnisses bzw. -produktes mitbestimmen.

---

[1] Die männliche Form steht in dieser Arbeit für beide Geschlechter.

2 Bedingungsanalyse

Die Unterrichtseinheit ist für Real- und Hauptschüler[2] der 7. Klasse konzipiert. Die Entscheidung für die Durchführung der geplanten Einheit würde ich im konkreten Fall vor allem von den Vorerfahrungen der Schüler mit selbstständigem Arbeiten und Gruppenarbeit abhängig machen. Da ich fiktiv plane, kann ich nur Angaben zu den erwarteten Lernvoraussetzungen machen, keine zur Klassensituation oder dem konkreten Leistungsstand, und stütze mich auf die Kerncurricula für die Grund- und Realschule, um die Vorkenntnisse sowie bereits erworbene Fähigkeiten und Fertigkeiten im fachlichen sowie methodischen Bereich zu bestimmen.

2.1 Lernvoraussetzungen

Fachliche Vorkenntnisse
In Bezug auf den in den Kerncurricula festgeschriebenen Kompetenzbereich „Größen und Messen" wird erwartet, dass Schüler am Ende des Schuljahrgangs 4 zu den Größenbereichen Längen und Zeitspannen Repräsentanten ordnen und messen können, Bezugsgrößen aus der Erfahrungswelt angeben können, die Grundeinheiten (mm, cm, dm, m, km sowie s, min, h) kennen und zwischen diesen umwandeln können. In Bezug auf Sachsituationen ist als erwartete Kompetenz genannt, dass die Schüler ihr Wissen im Umgang mit Längen und Zeitspannen einsetzen können, um Frage- und Problemstellungen zu klären (vgl. Niedersächsisches Kerncurriculum, 2006a, S. 23 ff.).[3] Diese fachlichen Kenntnisse aus der Grundschule werden auf der Haupt- und Realschule aufgegriffen, vertieft sowie mit neuem Wissen vernetzt. Im Sinne der Kernkompetenz, dass Schüler Größen und Einheiten sachgerecht verwenden, wird am Ende des Schuljahrgangs 6 konkret erwartet, dass sie zu den Größen Zeit und Länge alltagsbezogene Repräsentanten angeben und Einheiten situationsgerecht auswählen. Außerdem sollen die Schüler Größen durch einen Vergleich mit alltagsbezogenen Repräsentanten schätzen und auch (Längen-)Messungen in der Umwelt durchführen können. Alltagsnahe Längen- und Zeiteinheiten sollen sie am Ende der 6. Klasse in benachbarte Einheiten umrechnen können (vgl. Niedersächsisches Kerncurriculum, 2006c, S. 28 f.).[4]
Neben dem Kompetenzbereich „Größen und Messen" spielen für den geplanten Unterricht auch Vorkenntnisse über funktionale Beziehungen eine Rolle. Im Kerncurriculum der Realschule ist zum Kompetenzbereich „Funktionale Zusammenhänge" festgesetzt, dass die Schüler mathematische Modelle zur Lösung von inner- und außermathematischen Problemen nut-

---
[2] Im Folgenden werde ich für eine Realschulklasse planen und mich auf die Kerncurricula dieser Schulform beziehen. Die Kerncurricula der Hauptschule für Mathematik und Naturwissenschaften sind sehr ähnlich.
[3] Zugriff am 07. Juli 2008 unter http://db2.nibis.de/1db/cuvo/datei/kc_gs_mathe_nib.pdf
[4] Zugriff am 07. Juli 2008 unter http://db2.nibis.de/1db/cuvo/datei/kc_rs_mathe_nib.pdf

zen können. Dies heißt konkret, dass sie am Ende des 6. Schuljahres Zusammenhänge zwischen zwei Größen als proportional erfassen und rechnerisch und grafisch Größen in proportionalen Zusammenhängen bestimmen können. Ferner sollen sie inner- und außermathematische Situationen unter funktionalem Aspekt analysieren und formalisieren können, d.h. Beziehungen zwischen Größen in Tabellen und im Koordinatensystem darstellen (vgl. ebd., S. 32). Wichtig ist zu sagen, dass ich nicht davon ausgehe, dass die Schüler bereits proportionale und antiproportionale Zuordnungen, wie es im Unterricht der 7. Klasse vorgesehen ist, erarbeitet haben. Dies kann sinnvoll direkt im Anschluss an diese Unterrichtseinheit passieren. Auch im Sachunterricht der Grundschule sollten die Schüler bereits Kompetenzen erworben haben, die für diese Unterrichtseinheit von Bedeutung sind. So wird im Bereich „Zeit und Geschichte" erwartet, dass Schüler am Ende des Schuljahrgangs 2 Formen der Zeiteinteilung kennen und unterscheiden können (z.b. s, min, h) und dass sie analoge und digitale Zeitmesser lesen können. Im Bereich „Technik" ist festgeschrieben, dass die Schüler an Beispielen aus ihrer Alltagswelt am Ende der 2. Klasse Funktionsweisen und Nutzen einfach konstruierter Gebrauchsgegenstände und am Ende der 4. Klasse technische Funktionsweisen beschreiben können. Sie sollen Funktionsweisen erkunden und den Aufbau, die Funktion und Wirkungsweise wesentlicher Bauteile einfacher Geräte beschreiben können (vgl. Niedersächsisches Kerncurriculum, 2006b, S. 17 & S. 26 f.).[5] Im Physikunterricht wird am Ende des 6. Schuljahres von den Schülern bezüglich des Themenbereichs Dauermagnetismus unter anderem erwartet, dass diese die Wirkungen des Magneten im Raum beschreiben und magnetische Phänomene erklären können (vgl. Niedersächsisches Kerncurriculum, 2007, S. 27).[6]

Fähigkeiten und Fertigkeiten im Bereich der Methoden-, Sozial- und Selbstkompetenz
Bedeutend für diese Unterrichtseinheit sind grundlegende Kompetenzen in vielen prozessbezogenen Kompetenzbereichen. So ist im Bereich „Modellieren" genannt, dass die Schüler in der Lage sein sollen, zu Sachsituationen Fragen zu stellen, die sich mit mathematischen Mitteln bearbeiten lassen. Konkret wird dabei erwartet, dass sie am Ende des Schuljahrgangs 6 z.B. Informationen aus vertrauten Alltagssituationen und einfachen Texten entnehmen sowie naheliegende Fragen zu vertrauten Situationen stellen können. Zudem ist festgeschrieben, dass die Schüler Realsituationen mit mathematischen Modellen verbinden können, d.h. naheliegende Modelle wählen und auch zu bekannten mathematischen Modellen Alltagssituationen nennen können. Darüberhinaus sollen sie Aufgaben unter Anwendung mathematischer

---
[5] Zugriff am 07. Juli 2008 unter http://db2.nibis.de/1db/cuvo/datei/kc_gs_sachunterricht_nib.pdf
[6] Zugriff am 07. Juli 2008 unter http://db2.nibis.de/1db/cuvo/datei/kc_rs_nws_07_nib.pdf

Modelle lösen und die Plausibilität der Lösung in Bezug auf die Realsituation prüfen können (vgl. Niedersächsisches Kerncurriculum, 2006c, S. 14).

Sehr wichtig für diese Unterrichtseinheit, insbesondere für die geplante Gruppenarbeit sowie das Präsentieren der Arbeitsergebnisse am Ende des Unterrichts, sind Kompetenzen im Bereich „Kommunizieren" und „Darstellen". Bereits im Kerncurriculum für die Grundschule ist zum erstgenannten Bereich festgeschrieben, dass die Schüler am Ende der 4. Klasse z.B. in Rechenkonferenzen eigene Lösungswege und Vorgehensweisen beschreiben, begründen und darüber reflektieren können (vgl. Niedersächsisches Kerncurriculum, 2006a, S. 15). Im Curriculum für die Realschule ist angeführt, dass die Schüler mathematische Gedanken anderen schlüssig und klar mitteilen können. Das heißt für das Ende des 6. Schuljahres, dass sie Mitschülern ihre Lösungen beschreiben, eingeführte Fachbegriffe und Darstellungen benutzen und nach Vorbereitung Arbeitsergebnisse (Folie, Poster) vorstellen können. Mit der Kernkompetenz, dass sie mathematische Argumentationen anderer nachvollziehen und bewerten können sowie sachgerecht diskutieren können, wird konkret erwartet, dass die Schüler Lösungswege von Mitschülern mit eigenen Worten beschreiben und auch in Kleingruppen an Lösungen arbeiten können. Für den Kompetenzbereich „Darstellen" ist wichtig, dass die Schüler am Ende des 6. Schuljahres einfache Darstellungen für mathematische Situationen erstellen können. Von besonderer Bedeutung für die geplante Arbeitsweise ist die Kernkompetenz, dass die Schüler ihren Lernprozess dokumentieren können, d.h. dass sie ihre Aufzeichnungen strukturiert und nachvollziehbar gestalten und Sachverhalte zum eigenen Verständnis veranschaulichen können (vgl. Niedersächsisches Kerncurriculum, 2006c, S. 20 ff.). Auch die prozessbezogenen Kompetenzen, die Schüler im Fach Physik bis zum Ende des 6. Schuljahres erworben haben sollen, spielen hier eine Rolle. Im Bereich „Dokumentieren" ist festgehalten, dass die Schüler ihre Arbeitsergebnisse angeleitet festhalten und altersgerechte Präsentationen ihrer Arbeitsergebnisse erstellen können; im Bereich „Kommunizieren", dass die Schüler nach Anleitung in vorgegebenen Medien recherchieren, sich über physikalische Zusammenhänge in der Umgangssprache verständlich mitteilen, Aufgaben im Team bearbeiten und Arbeitsergebnisse mit eigenen Worten vorstellen können; im Bereich „Bewerten", dass die Schüler die Gültigkeit ihrer Ergebnisse durch Vergleiche mit anderen Arbeitsgruppen überprüfen und einfache physikalische Phänomene in Alltagszusammenhängen erkennen können (vgl. Niedersächsisches Kerncurriculum, 2007, S. 24 ff.)

Zudem sollten die Schüler im Sachunterricht der Grundschule grundlegende, für diesen Unterricht bedeutsame Kompetenzen erworben haben. So sollten sie wichtige Methoden und Arbeitsweisen erlernt haben, die für den aktiven Wissenserwerb von Bedeutung sind, wie

Vorhaben planen, organisieren, durchführen und reflektieren, Ergebnisse in Form von mündlichen Berichten, Texten, Modellen darstellen, präsentieren und kriterienbezogen bewerten. In dem Sinne das Lernen zu lernen sollen Schüler ihre Lernprozesse zunehmend selbstständig planen, gestalten und beurteilen sowie lernen, ihre eigene Lernentwicklung und Leistungen einzuschätzen (vgl. Niedersächsisches Kerncurriculum, 2006b, S. 13 f.).

Insgesamt gehe ich demnach davon aus, dass die Schüler in ihren ersten sechs Schuljahren grundlegende Fähigkeiten und Fertigkeiten in den genannten prozessbezogenen Bereichen erworben haben, die sie in der geplanten Unterrichtseinheit einsetzen und weiterentwickeln können. Insbesondere rechne ich damit, dass die Schüler bereits öfter im Unterricht verschiedener Fächer in einer Kleingruppe gearbeitet haben und mit Formen des Präsentierens vertraut sind, d.h. auch den nötigen Mut und das Selbstvertrauen entwickelt haben, um einerseits in der Gruppe konstruktiv mitzuarbeiten und andererseits vor der Klasse und dem Lehrer Arbeitsergebnisse vorzustellen. Ihre Sozialkompetenz sollte soweit entwickelt sein, dass sie sowohl in der Gruppenarbeit als auch in der Klassengemeinschaft allgemeine Regeln des Kommunizierens und Umgangs miteinander einhalten können.

2.2 Lehrvoraussetzungen

Nach eigener Einschätzung habe ich das notwendige fachwissenschaftliche Wissen, ausgenommen jedoch die genauen physikalischen Funktionsweisen des Fahrradtachometers.

Für die Erarbeitung des Unterrichtsinhalts habe ich mich für die methodische Form des projektorientierten Unterrichts entschieden. Ich habe in meinen bisherigen Unterrichtsversuchen noch keine Erfahrung mit projektorientiertem Unterricht gemacht, weshalb ich gut planen und bedacht vorgehen muss. Trotz guter Vorbereitung bin ich zudem nicht sicher, ob ich genügend methodisch-didaktische Kompetenzen habe, um den Schülern auf den Weg zu helfen, in der Gruppe selbstständig zu arbeiten, wenn hier allzu große Schwierigkeiten auftreten. Bei meiner im Schulpraktikum gemachten Erfahrung mit Gruppenarbeit habe ich gemerkt, dass die vorgesehene Zeit für die Schüler zu knapp bemessen war und die Schüler, nicht zuletzt aus mangelnder Erfahrung mit dieser Sozialform, nicht selbstständig gearbeitet haben. Mir ist wichtig, dass die Schüler gute Ergebnisse hervorbringen und sich möglichst alle Schüler aktiv an der Arbeit beteiligen. Ich möchte mich gerade in dieser Phase zurückhalten und abwarten können, auch wenn die Schüler zunächst Schwierigkeiten haben, und vornehmlich Hilfe zur Selbsthilfe geben, damit die Schüler selbstständig zu *eigenen* Lösungen gelangen.

3 Sachanalyse

Im Folgenden möchte ich den Gegenstand, der zum Unterrichtsinhalt werden soll, anhand einiger Leitfragen klären:
- Was ist ein Tachometer? Was ist ein Fahrradtachometer?
- Welche Bestandteile gehören zum Fahrradtachometer? Wo und wie werden diese am Fahrrad befestigt?
- Wie funktioniert ein Fahrradtachometer?[7] Was kann er alles? Welche Informationen benötigt der Computer? Woher bekommt er diese? Was berechnet der Computer?
- Was ist unter dem Begriff „Geschwindigkeit", insbesondere unter den Begriffen „Momentangeschwindigkeit" und „Durchschnittsgeschwindigkeit", zu verstehen? Welche Zusammenhänge bestehen zwischen den Größen Länge, Zeit und Geschwindigkeit?

Nach dem Eintrag in Meyers Lexikon ist der oder das Tachometer[8] „ein in Kraftwagen eingebauter, meist mit einem Kilometerzähler kombinierter Geschwindigkeitsmesser zur Anzeige der Fahrgeschwindigkeit [...]. Die notwendige Wegmessung erfolgt über eine Messung der Drehzahl" (Bibliographisches Institut & F. A. Brockhaus AG, 2007).[9]
Ein Fahrradtachometer ist dementsprechend ein Gerät zur Messung der Fahrgeschwindigkeit des Fahrrads. Heute ist statt der Bezeichnung „Fahrradtachometer" eher die Bezeichnung „Fahrradcomputer" üblich, der neben der Geschwindigkeitsmessung weitere Funktionen hat. Der Bedienungs- und Montageanleitung[10] (S. 7 ff.) zufolge sind die wesentlichen Bestandteile des in diesem Falle kabellosen Fahrradcomputers der Sender, der Empfänger (die Computereinheit) und der Speichermagnet (Permanentmagnet). Die Halterung für den Empfänger wird am Lenker befestigt, der Empfänger kann anschließend aufgesteckt werden. Der Sender des Fahrradcomputers wird an der rechten oder linken Gabel des Vorderrades, in direkter Linie unter dem Empfänger, montiert. Der Speichermagnet wird so an einer Speiche des Vorderrades angebracht, dass er möglichst nah am Sender vorbeiführt. Was die Inbetriebnahme angeht, so ist in diesem Zusammenhang zunächst nur wichtig zu erwähnen, dass der Reifenumfang (in Millimetern) des Fahrrads einprogrammiert werden muss.

---

[7] Eine Klärung der physikalischen Funktionsweise der Datenmessung, -übertragung und -berechnung durch Magnet, Sender und Computer ist nicht explizit vorgesehen, kann aber bei Interesse der Schüler erfolgen bzw. im Physikunterricht thematisiert werden.
[8] Ich benutze in dieser Arbeit den maskulinen Artikel.
[9] Zugriff am 07. Juli 2008 unter http://lexikon.meyers.de/meyers/Tachometer
[10] Eine Kopie der Bedienungs- und Montageanleitung des kabellosen Fahrradcomputers GT 9339 ist angehängt. Natürlich gibt es andere Modelle eines Fahrradtachometers bzw. -computers mit weiteren oder weniger Funktionen und anderen Funktionsweisen. Der Fahrradcomputer GT 9339 hat die mir für die Thematik wichtigen Funktionen und entspricht einer modernen elektronischen (nicht rein mechanischen) Funktionsweise.

Des Weiteren ist der Anleitung (S. 20 ff.) zu entnehmen, dass der Fahrradcomputer Daten misst, und zwar die Durchschnittsgeschwindigkeit, die aktuelle Geschwindigkeit, die Maximalgeschwindigkeit einer Einzeletappe, die Etappenfahrzeit, die Länge einer Etappe, die gefahrene Gesamtkilometerzahl, die Unter- bzw. Überschreitung der bisherigen Durchschnittsgeschwindigkeit sowie die Temperatur. Außerdem zeigt der Computer die Uhrzeit an.

Nun möchte ich kurz darlegen, was der Computer auf der Grundlage welcher Informationen berechnet.[11] Im Computer ist eine digitale Uhr vorhanden. Die Etappenfahrzeit wird automatisch genommen, wenn die Fahrt beginnt und endet (bei Zwischenstopps wird die Zeit angehalten). Die zurückgelegte Strecke wird dadurch gemessen, dass der Sender das Passieren des Magneten registriert und bei jedem Mal, d.h. bei jeder Radumdrehung, ein Signal per Funk an den Empfänger gibt.[12] Die Länge einer Etappe wird dann aus dem Produkt der Anzahl der Radumdrehungen und der einprogrammierten Größe des Radumfangs, die der zurückgelegten Strecke einer Radumdrehung entspricht, berechnet. Die Gesamtkilometerzahl ergibt sich aus der Summe der einzelnen Etappen inklusive der bereits zurückgelegten Strecke der aktuellen Etappe. Der Computer misst außerdem die Zeitspanne zwischen zwei Signalen und ermittelt aus dieser und der konstanten Größe des Radumfangs die aktuelle bzw. Momentangeschwindigkeit. Indem der Computer die Momentangeschwindigkeiten vergleicht, ermittelt er die höchste Geschwindigkeit und zeigt diese als Maximalgeschwindigkeit der Etappe an. Die Durchschnittsgeschwindigkeit einer Etappe wird aus dem Quotienten der bislang zurückgelegten Strecke und der bisherigen Fahrzeit der Etappe berechnet. Nach einer entsprechenden Umrechnung werden die Geschwindigkeiten in Kilometer (oder wählbar Meilen) pro Stunde auf dem Display angezeigt, die Strecken in Kilometer und Meter, die Fahrzeit in Stunden, Minuten und Sekunden.

Bei der Größe Geschwindigkeit handelt es sich um eine zusammengesetzte Größe. Der gemeinsame Quotient von zurückgelegter (Weg)Länge und der dazu benötigten Zeit(spanne) ist die Geschwindigkeit. Die Abkürzungen sind üblicherweise s für die Strecke vom Start bis zum Ziel oder Messpunkt, Δs für ein kleines Stück der Fahrstrecke, t für die Fahrzeit und Δt für eine kurze Zeitspanne (vgl. Walz, 1996, S. 66). Für die Berechnung der Geschwindigkeit werden also die zurückgelegte Strecke und die benötigte Zeit dividiert:

$$\text{Geschwindigkeit} = \frac{\text{Weg}}{\text{Zeit}} \; ; \qquad v = \frac{s}{t}$$

---

[11] Dabei lege ich meine eigenen Vorstellungen zu Grunde, weil ich keine ausführliche Literatur dazu gefunden habe. Knappe Hinweise habe ich lediglich in einigen Schulbüchern für den Physikunterricht entdeckt.
[12] Dies ist in der Bedienungsanleitung (S. 7) falsch beschrieben und muss mit den Schülern thematisiert werden. Dort heißt es, dass der *Speichenmagnet* Signale an den Empfänger überträgt.

Die gebräuchlichsten Einheiten sind 1 m/s und 1 km/h. Dabei gilt: 1 m/s = 3,6 km/h und 1 km/h = 1/3,6 m/s ≈ 0,28 m/s (vgl. Hepp, 2001, S. 233). Werden die Zusammenhänge zwischen Weg und Zeit grafisch dargestellt, so ist die Geschwindigkeit die Steigung des Grafen. Zu unterscheiden sind insbesondere die Momentangeschwindigkeit und die Durchschnittsgeschwindigkeit. Die Geschwindigkeit, die ein Körper in einem bestimmten Zeitpunkt hat, wird als Momentangeschwindigkeit bezeichnet. Die Durchschnittsgeschwindigkeit ist der Quotient aus dem gesamten Weg eines Bewegungsablaufes und der dazu benötigten Zeit (vgl. ebd., S. 255). Die Momentangeschwindigkeit kann man annähernd berechnen, indem man die Geschwindigkeit v für möglichst kleine Strecken Δs und möglichst kurze Zeiten Δt bestimmt. Dann berechnet man die Geschwindigkeit v = Δs/Δt (vgl. Walz, 1996, S. 67).[13] Bei gleichförmigen Bewegungen, die sich dadurch auszeichnen, dass sich bei einer Bewegung weder die Richtung noch der Betrag der Geschwindigkeit ändern (vgl. Hepp, 2001, S. 255), entspricht die Momentangeschwindigkeit der Durchschnittsgeschwindigkeit.

Zum Zusammenhang von Zeitdauer, Strecke und Geschwindigkeit ist im Schülerband Physik Folgendes zu finden: „Bei einer gleichförmigen Bewegung legt ein Körper in gleichen Zeitabschnitten gleiche Wegstrecken zurück. [...] Die Zeitspannen, in denen gleiche Wegstrecken zurückgelegt werden, sind ein Maß für die Geschwindigkeit: kurze Zeit - große Geschwindigkeit. [...] Die Wegstrecken, die in gleichen Zeitspannen zurückgelegt werden, sind ein Maß für die Geschwindigkeit: lange Strecke - große Geschwindigkeit" (ebd., S. 232). Dies kann auch in Form von „Je-desto-Beziehungen" beschrieben werden. Bei konstanter Weglänge gilt: Je größer die Zeitspanne, desto kleiner ist die Geschwindigkeit (und umgekehrt). Bei konstanter Zeitspanne gilt: Je größer die zurückgelegte Weglänge, desto größer ist die Geschwindigkeit. Und bei konstanter Geschwindigkeit gilt: Je größer die Zeitspanne ist, desto größer ist die zurückgelegte Weglänge (vgl. IPN, 1975, S. 34 f.).

Die Zusammenhänge zwischen Weg, Zeit und Geschwindigkeit bei gleichförmigen Bewegungen können auch mit Hilfe der Begriffe „proportional" und „antiproportional" beschrieben werden. So sind Weglänge und Zeit zueinander proportional (s ~ t), ebenso Weglänge und Geschwindigkeit (s ~ v), Zeit und Geschwindigkeit aber antiproportional (t ~ 1/v). Proportional bedeutet, dass zu einem Vielfachen der einen Größe dasselbe Vielfache der anderen Größe gehört. Bei antiproportionalen Beziehungen entspricht dem r-fachen (r $\in \mathbb{R}$) der einen Größe das 1/r-fache der anderen Größe. Die Beziehungen zwischen den Größen können in einer Ta-

---

[13] Um die Momentangeschwindigkeit mathematisch exakt zu definieren, benötigt man die Differentialrechnung, die erst für die Sekundarstufe II vorgesehen ist. Mit Grenzwertbetrachtungen und den Ideen der lokalen linearen Änderungsrate oder der lokalen linearen Approximation kann man von der Durchschnittsgeschwindigkeit zur Momentangeschwindigkeit kommen. Dieses hier auszuführen, würde zwar der Vollständigkeit der Sachanalyse gerechter werden, hinsichtlich der Ziele, die ich für diese Unterrichtseinheit habe, aber zu weit führen.

belle oder einem Koordinatensystem dargestellt werden. Dabei entsteht bei proportionalen Zusammenhängen eine Gerade, bei antiproportionalen Zusammenhängen eine Kurve (Hyperbel) (vgl. Kietzmann et al., 2004, S. 137; vgl. Fricke, 1987, S. 139).

Da die Beziehungen zwischen der Welt und der Mathematik durch Modellieren hergestellt werden und in dieser Unterrichtseinheit von Bedeutung sind, möchte ich abschließend auf den Modellierungskreislauf hinweisen, der die zentralen Tätigkeiten beim Modellbilden beschreibt. Ausgangspunkt des Modellierens ist eine *reale Situation*. Diese ist hier durch die Fragestellungen gegeben, wie der Tachometer die Geschwindigkeiten berechnet, was unter den Begriffen „Momentangeschwindigkeit" und „Durchschnittsgeschwindigkeit" zu verstehen ist und welche Zusammenhänge zwischen den Größen Länge, Zeit und Geschwindigkeit bestehen. Die reale Situation wird vereinfacht, idealisiert und strukturiert, sodass ein *Realmodell* entsteht. Die Schüler überlegen sich dabei, dass Magnet und Sender die Radumdrehungen registrieren und der Computer die sich daraus ergebenden Weglängen sowie Zeitspannen misst. Der Computer zeigt dann die aktuelle und auch die Durchschnittsgeschwindigkeit an. Dies können die Schüler bspw. in einer einfachen Zeichnung darstellen. Die Mathematisierung der vereinfachten Realsituation führt zum *mathematischen Modell*, wobei es zu einer Realsituation verschiedene mathematische Modelle geben kann. Ein wichtiger Schritt besteht darin, dass die Schüler erkennen, dass die Anzahl der Radumdrehungen einer gefahrenen Strecke entspricht. Das mathematische Modell kann darin bestehen, dass die Schüler die Beziehungen zwischen Zeit, Strecke und Geschwindigkeit als (anti)proportional auffassen (z.B. $v \sim s$), eine Gleichung angeben (z.B. $v = s/t$) oder den Zusammenhang im Koordinatensystem darstellen. Eine andere Möglichkeit besteht darin, die Beziehungen schriftlich knapp und präzise zu beschreiben, wie etwa: „Die Durchschnittsgeschwindigkeit ist gleich zurückgelegte Gesamtstrecke dividiert durch die benötigte Gesamtzeit." Die mathematische Bearbeitung des mathematischen Modells spielt hier eine untergeordnete Rolle, weil es um die Erarbeitung von Begriffen geht, weniger um eine *mathematische Lösung* eines realen Problems. An Beispielen können Zeiten, Strecken und Geschwindigkeiten berechnet werden, auch die Bearbeitung einer grafischen Darstellung ist denkbar. Sehr wichtig ist wiederum die Interpretation dieser Ergebnisse in der Realsituation. Was bedeutet es nun, dass der Tachometer die Durchschnitts- und Momentangeschwindigkeit berechnet? Welchen Algorithmus benutzt er? Dies können die Schüler schriftlich oder zeichnerisch darstellen, z.B.: „Für die Berechnung der Momentangeschwindigkeit benötigt der Computer eine möglichst kleine Zeitspanne und einen möglichst kurzen Weg. Die Momentangeschwindigkeit wird bestimmt, indem der Computer die Zeit misst, die zwischen nur zwei Radumdrehungen vergeht, und aus dem Quotienten s/t die Geschwindigkeit berechnet." Auch die Validierung sollte in diesem letzten Schritt nicht zu kurz kommen. Sowohl die mathematischen Modelle, die unterschiedliche Zwecke erfüllen, als auch das Vorgehen sollten festgestellt und beurteilt werden (vgl. Leuders & Maaß, 2005, S. 2 ff.).

4 Didaktische Analyse

4.1 Didaktische Reduktion

Da ich eine Mindestanforderung in Form von vorgegeben Aufgaben stelle, habe ich das Thema in der Hinsicht reduziert, dass die Schüler die Teile des Fahrradcomputers und seine Funktionen bloß kennen, die Funktion der Berechnung von Geschwindigkeiten aber erklären sollen, dass sie die Zusammenhänge zwischen den Größen Länge, Zeit und Geschwindigkeit darstellen und die Begriffe „Momentangeschwindigkeit" und „Durchschnittsgeschwindigkeit" selbst definieren und erklären sollen. Obwohl die Durchdringung des Themas aufgrund der Offenheit der Lernform unterschiedlich ausfallen kann, sehe ich vor allem in diesen Punkten eine Möglichkeit der Behandlung mathematisch und physikalisch wichtiger Inhalte.

Da außerdem noch einige zu bearbeitende Aufgaben zusammen mit den Schülern bestimmt werden und die Art der Darstellung der Ergebnisse selbst in der Gruppenarbeit bestimmt werden kann, können je nach dem Lernstand der Schüler weitere der in der Sachanalyse beschriebenen Aspekte des Themas Unterrichtsinhalt werden.

4.2 Bildungswert des Themas

„Das Ziel einer angemessenen Berücksichtigung von Realitätsbezügen ist zum einen die Förderung mathematischer Kompetenzen und zum anderen die Vermittlung eines angemessenen, reichen Mathematikbildes. Beides sind Voraussetzungen dafür, dass Schüler in ihrem späteren Leben die Mathematik als nützliches Werkzeug kennen, schätzen und nutzen." (Leuders & Leiß, 2006, S. 206)

In dieser Unterrichtseinheit werden die Schüler in den Größenbereich Geschwindigkeit eingeführt. Dabei ist davon auszugehen, dass jeder Schüler den Begriff „Geschwindigkeit" aus dem Alltag kennt oder ihm - zumindest indirekt - bereits in der Schule begegnet ist.[14] Der betreffende Inhalt erschließt exemplarisch den allgemeinen Sachverhalt „zusammengesetzte Größen", wobei die Geschwindigkeit wohl eine der wichtigsten zusammengesetzten Größen ist. Der Größenbereich Geschwindigkeit wird im Mathematikunterricht der Realschule in den Jahrgangsstufen 7 und 8 im Zusammenhang mit proportionalen und antiproportionalen Zu-

---

[14] Bereits in Schulbüchern für die Grundschule, spätestens in Büchern für das 5. Schuljahr werden die Schüler aufgefordert, nach Geschichten Weg-Zeit-Diagramme zu zeichnen oder Diagramme Geschichten zuzuordnen.

ordnungen und mit linearen Funktionen behandelt. Im Physikunterricht dieser Jahrgangsstufe wird die Geschwindigkeit direkter thematisiert. Der Begriff „Geschwindigkeit" wird formal definiert, die Begriffe „Momentangeschwindigkeit" und „Durchschnittsgeschwindigkeit" zumindest anschaulich beschrieben. Es geht hier dann um die Beschreibung von gleichförmigen Bewegungen in Zeit-Weg- und Zeit-Geschwindigkeit-Diagrammen.[15]

Im Folgenden möchte ich den Bildungswert des Themas anhand der Kategorien, die Vollrath zur Begründung des Mathematikunterrichts anführt, begründen. Er differenziert drei Sichtweisen der Mathematik, nämlich Mathematik als allgemeinbildendes Fach, qualifizierendes Fach und authentisches Fach (vgl. Vollrath, 2001, S. 10 ff.). Die Gegenwartsbedeutung des Themas für die Schüler kommt dabei vor allem darin zum Ausdruck, dass die Schüler mehr Möglichkeiten zur Erschließung und Wahrnehmung ihrer Umwelt, zur Persönlichkeitsentfaltung sowie auch für das weitere Lernen in der Schule haben. Diese Aspekte sind auch bedeutsam für die Zukunft der Schüler. Hinzu kommt die Erfordernis von Kenntnissen über (zusammengesetzte) Größen und von prozessbezogenen Kompetenzen in vielen Berufsfeldern. Die Art und Weise, wie die Schüler in dieser Unterrichtseinheit Mathematik betreiben, kann außerdem ihre Sicht auf die Mathematik und den Unterricht allgemein verändern.

Zur Mathematik als *allgemeinbildendes* Fach nennt Vollrath einige Aufgaben. Als erstes kann Mathematikunterricht zur Entfaltung der Persönlichkeit beitragen. Indem die Schüler Mathematik betreiben - und das tun sie aktiv in einem projektorientierten Unterricht -, erfahren sie etwas von der Kraft ihres eigenen Denkens. Sie sollen lernen zu denken und ihr Denken kritisch reflektieren, was in dem geplanten Unterricht sowohl in der Phase der Gruppenarbeit als auch der Präsentation, wenn die Schüler andere Lösungswege wahrnehmen, und in der Phase der abschließenden Reflexion geschieht. Die Schüler können sich so ihrer im Menschen angelegten Fähigkeit, mathematisch zu denken, bewusst werden und aus ihrem mathematischen Können Selbstbewusstsein gewinnen (vgl. ebd., S. 11 f.).

Zweitens ist Vollrath der Auffassung, dass der Mathematikunterricht einen bedeutsamen Beitrag zur Umweltschließung leistet. „Über die Anforderungen des täglichen Lebens hinaus hilft die Mathematik den Menschen, Erkenntnis über die sie umgebende Natur zu gewinnen und diese Erkenntnis zur Lösung praktischer Probleme zu nutzen" (ebd., S. 14). Im täglichen Leben gehen Autofahrer und auch viele Fahrradfahrer mit einem Tachometer um, sie lesen ihre Momentangeschwindigkeit ab und lesen Verkehrsschilder mit Geschwindigkeitsangaben. Die Natur des Menschen, in diesem Falle Geschwindigkeiten verschiedener Objekte, lässt

---

[15] Diese Erkenntnis habe ich mit einem Einblick in verschiedene Mathematik- und Physikschulbücher gewonnen.

sich mit der Mathematik beschreiben, z.B. durch einen Funktionsgrafen. Diese Möglichkeit ist nicht zuletzt aufgrund ihrer Bedeutung für die Verkehrssicherheit hervorzuheben, wenn es darum geht, die eigene Geschwindigkeit (beim Fahrradfahren) zu kennen oder die Geschwindigkeit anderer besser einschätzen zu können. Dieser Aspekt des Beitrags zur Allgemeinbildung ist auch im Kerncurriculum festgeschrieben. Dort heißt es, dass Mathematik zur praktischen Lebensbewältigung befähigen kann, weil Mathematik hilft, sich in einer durch Technik geprägten Welt zu orientieren, und auf diese Weise die aktive Teilnahme am gesellschaftlichen Leben ermöglicht. Außerdem können die Schüler Mathematik als eine Möglichkeit der Weltwahrnehmung, Beschreibung der Umwelt und Erkenntnisgewinnung wahrnehmen (vgl. Niedersächsisches Kultusministerium, Kerncurriculum 2006c, S. 7).

Als einen dritten Aspekt nennt der Autor die Beiträge des Mathematikunterrichts zur Teilhabe an der Gesellschaft. Menschen können sich über Mathematik und mit Mathematik verständigen und die Schüler sollen im Unterricht die Grundlagen der mathematischen Sprache lernen, damit sie mathematisch kommunizieren können. Dies geschieht in diesem Unterricht bspw. dadurch, dass die Schüler Modelle und Zeichnungen anfertigen oder den Geschwindigkeitsbegriff in Worten formulieren. Mathematik kann auf diese Weise in Bereichen der Wissenschaft und Technik als Werkzeug der Erkenntnis und der Gestaltung erfahren werden. Überdies kann das soziale Verhalten durch das Kommunizieren über und mit Mathematik sowie das Lernen und Weitergeben von Gelerntem gefördert werden, was vor allem in der Gruppenarbeit geschehen wird (vgl. Vollrath, 2001, S. 15 ff.).

Als zweite Sichtweise nennt Vollrath die, dass Mathematik ein *qualifizierendes* Fach ist. Die von der Gesellschaft geforderten Qualifikationen beziehen sich auf Fähigkeiten und Kenntnisse, die Voraussetzungen für den anschließenden Lebensabschnitt sind. Sowohl die Realschule als auch die Hauptschule haben Qualifikationen für das Berufsleben und für weiterführende Schulen zu ermöglichen. So erläutert Vollrath, dass aufgrund des zunehmenden Einflusses neuer Technologien die Fähigkeit zu lernen im Beruf an Bedeutung gewinnt und dass aufgrund des Einsatzes von Maschinen selbstständiges, verantwortungsbewusstes und problemlösendes Handeln an komplexen Systemen gefordert wird. Dadurch, dass das Lernen am Ende des Unterrichts reflektiert wird, lernen die Schüler, wie man sich Können und Wissen selbstständig aneignet. Sie stellen sich außerdem zu Beginn selbst Aufgaben, suchen also nach Problemen und lösen diese selbstständig in der Gruppenarbeit. Außerdem wird im Berufsleben als eine weitere Schlüsselqualifikation Teamfähigkeit verlangt, die durchgängig in der geplanten Unterrichtseinheit eingeübt wird (vgl. ebd., S. 19 ff.). In sämtlichen Berufsfeldern, die sich im weitesten Sinne auf Verkehr und Logistik beziehen,[16] sind das Verständnis des Geschwindigkeitsbegriffs sowie das Berechnen von Geschwindigkeiten, Strecken oder Zeitspannen grundlegend. Dies spielt außerdem in den Berufsfeldern der Naturwissenschaften, insbesondere der Physik, die sich mit Mechanik auseinandersetzt, und in den Feldern der Technik, wo Bezüge zum Verkehr und zu Fahrzeugen bestehen, eine Rolle.

Für das Lernen auf weiterführenden Schulen sind die unter den Zielen genannten prozessbezogenen Kompetenzbereiche von Bedeutung. Sie kommen im Zusammenhang mit anderen Themen zum Einsatz und werden dort unter Umständen weiterentwickelt. Eine erste (anschauliche) Vorstellung zum Begriff der Momentangeschwindigkeit ist grundlegend für die in der 11. Klasse auf dem Gymnasium einzuführende Differentialrechnung, insbesondere für das Verständnis des Differenzenquotienten und des Grenzwertbegriffs. Anhand von Zeitfunktionen wird in der Oberstufe mit Hilfe von Grenzwertprozessen der Übergang von der mittleren zur momentanen zeitlichen Änderungsrate vollzogen (vgl. Weigand, 1988, S. 71). Beschäftigen sich die Schüler außerdem mit dem Begriff der Höchstgeschwindigkeit, ist darin ein erster Schritt zum Verständnis der in der Oberstufe stattfindenden Berechnung von Extremwerten zu sehen. Hilfreich vor allem für den weiteren Physikunterricht dürfte sein, dass über die Bestimmung von Geschwindigkeiten hinaus das Erfassen von zusammengesetzten Größen, z.B. Dichte (Masse/Volumen) oder Druck (Kraft/Fläche), erleichtert werden kann. Für die Schüler sollte es weniger schwierig sein, Zusammenhänge zwischen zwei Größen zu verstehen (vgl. IPN, 1975, S. 5).

Als dritten Punkt sieht Vollrath Mathematik als *authentisches* Fach. Dabei geht es zunächst darum, Schülern eine zuverlässige Erfahrung von Mathematik zu ermöglichen und so eine angemessene Vorstellung von Mathematik zu vermitteln. Der hier geplante Unterricht kann als authentisch bezeichnet werden, weil er, wie Vollrath fordert, die Fragen beantwortet: Was ist Mathematik? Wie entsteht Mathematik? Was kann man mit Mathematik anfangen? Der Unterricht ist sowohl prozessorientiert als auch zielorientiert und zeigt den Schülern exemplarisch, wie man die gefundene Mathematik anwenden kann (vgl. Vollrath, 2001, S. 25 ff.).

Ferner führt der Autor unter dem Aspekt der Authentizität das mathematische Wissen an. So sollen sich die Lernenden Wissen über Begriffe und deren Eigenschaften aneignen und das mathematische Beziehungsgefüge erkennen. In dieser Unterrichtseinheit sollen die Schüler insbesondere die Beziehung zwischen den physikalischen Größen Länge und Zeit erfassen (vgl. ebd., S. 27 f.).

---

[16] Z.B. Berufe rund um das Auto und den Straßenverkehr, die Luftfahrt, Schifffahrt, den Schienenverkehr und um Transport: Fahrlehrer, Kraftfahrer, Taxifahrer, Kraftfahrzeugmechaniker und -mechatroniker, Lotsen sowie Fahrzeugführer, Sachverständige, Disponenten, Planende und Sicherheitsbeauftragte in den genannten Bereichen

Eine besondere Bedeutung für meinen Unterrichtsentwurf besteht auch darin, Mathematik im Entstehen zu erfahren, wobei es darum geht, dass Schüler die Mathematik entdecken und (für sich) erfinden. Sie sollen mit Hilfe der grundlegenden Begriffe Strecke und Zeitspanne neue Begriffe gewinnen, nämlich „Momentangeschwindigkeit" und „Durchschnittsgeschwindigkeit". Die Schüler entdecken Eigenschaften der Begriffe und Beziehungen zwischen ihnen selbst, anstatt fertiges Wissen vorgestellt zu bekommen. Eine besondere Rolle spielt dabei auch das Problemlösen, wobei sich das Problem in dem projektorientierten Unterricht aus einer lebensnahen Situation heraus ergibt (vgl. ebd., S. 28 f.).

Laut Vollrath ist der Mensch um eine Beziehung zwischen Mathematik und Wirklichkeit bemüht. Die mathematische Sicht der Welt führt zu einem ganz eigenen Weltbild. Indem die Schüler von bestimmten Merkmalen realer Gegebenheiten absehen, also abstrahieren, bilden sie Begriffe, z.B. die Geschwindigkeit eines Objekts. Auch durch Idealisierung werden Begriffe gebildet. So wird bei einer Bewegung angenommen, dass die Beziehung zwischen Weg und Zeit proportional ist. Vollrath fordert, diese Vorgänge den Lernenden im Unterricht bewusst zu machen. Authentischer Mathematikunterricht soll den Lernenden zudem bewusst machen, dass einerseits Mathematik auf außermathematische Bereiche zur Lösung eines Problems angewendet werden kann und dass andererseits außermathematische Probleme zur Entwicklung mathematischer Modelle führen können. Dabei soll der Unterricht lebensnah sein, also realistische Situationen bearbeiten lassen. Dass der hier beabsichtigte Unterricht diese Forderungen erfüllt, ist offensichtlich (vgl. ebd., S. 30 ff.).

Der projektorientierte Unterricht kann zudem die Vorstellungen von der Mathematik, die traditioneller Unterricht vermittelt, verändern, womit sich das mathematische Weltbild der Schüler ändern kann. Statt von fertiger Mathematik und einem festen Lösungsschema auszugehen, können die Schüler z.B. erfahren, dass sich Mathematik anwenden lässt, sie etwas für sie Neues selbst entdecken können, sie dabei auf verschiedenen Wegen zu einer Lösung kommen können und verschiedene Lösungen möglich sind. Dabei ergibt sich die Chance, dass die Schüler ihre Einstellungen zur Mathematik ändern. Es ist durchaus vorstellbar, dass sie die Beschäftigung mit den Aufgaben als spannend empfinden und motiviert arbeiten (vgl. ebd., S. 32 ff.).

5 Ziele der Unterrichtseinheit

Ich unterscheide im Folgenden Lehr- und Lernziele, um zu verdeutlichen, dass die Schüler an der Planung des Unterrichts beteiligt sind und sich eigene Ziele setzen, die ich allerdings nur erahnen kann und deshalb beispielhaft nenne.

5.1 Lehrziele

Sachkompetenzen:

➤ Die Schüler sollen den Fahrradcomputer kennen lernen, indem sie die einzelnen Teile benennen, ihre Funktion beschreiben und alle Funktionen des Fahrradcomputers nennen.

➤ Sie sollen den Zusammenhang zwischen den drei physikalischen Größen Länge, Zeit und Geschwindigkeit erkennen und darstellen, indem sie z.B. beschreiben, wie der Fahrradcomputer eine Geschwindigkeit berechnet.

➤ Die Schüler sollen die Begriffe „Momentangeschwindigkeit" und „Durchschnittsgeschwindigkeit" begreifen, indem sie die Begriffe in der Gruppenarbeit erarbeiten, formal definieren und/oder anschaulich erklären. Dabei sollen sie auch die wichtigsten Einheiten der Größe Geschwindigkeit (km/h und m/s) kennen lernen.

Methodenkompetenzen:

➤ Die Schüler sollen die Methode „projektorientierter Unterricht" anwenden, indem sie den Unterricht mitplanen, d.h. Aufgaben, Ziele, den Unterrichtsprozess und Handlungsprodukte mitbestimmen, selbstständig in der Gruppe an einem Projekt arbeiten und am Ende das Handlungsprodukt präsentieren. Sie sollen damit die für sie selbst relevanten Probleme und Ziele erkennen und äußern.

➤ Die Schüler sollen selbstständig in der Gruppe arbeiten, indem sie die vereinbarten Aufgaben gemeinsam bearbeiten. Jeder Schüler soll dabei eine Rolle in der Gruppenarbeit zur effektiven Lösung der (mathematischen) Probleme übernehmen (Prozessbezogener Kompetenzbereich „Kommunizieren"; vgl. Niedersächsisches Kerncurriculum, 2006c, S. 20).

➤ Die Lernenden sollen mathematische Gedanken anderen schlüssig und klar mitteilen, indem sie Mitschülern ihre Überlegungen, die zur Lösung geführt haben, sowohl in der Gruppenarbeit als auch in der Präsentation erläutern (Prozessbezogener Kompetenzbereich „Kommunizieren"; vgl. ebd., S. 20).

➤ Nach einer Vorbereitung in der Gruppe sollen die Schüler ihre Arbeitsergebnisse vorstellen, indem sie das gemeinsam erarbeitete Handlungsprodukt präsentieren und die Lösungen erläutern. Dabei sollen sie Fachbegriffe benutzen und Medien, wie Folien oder Plakate, einsetzen (Prozessbezogener Kompetenzbereich „Kommunizieren"; vgl. Niedersächsisches Kerncurriculum, 2007, S. 25).

➤ Die Schüler sollen ihre Fähigkeiten im Bereich des Modellierens weiterentwickeln, indem sie Fragen stellen zu unterschiedlichen Aspekten der Ausgangssituation, die Realsituation mit mathematischen Modellen verbinden und das Ergebnis in Bezug auf die Realsituation interpretieren (Prozessbezogener Kompetenzbereich „Modellieren"; vgl. Niedersächsisches Kerncurriculum, 2006c, S. 14).

➢ Sie sollen umfangreichere mathematische Darstellungen erstellen und Darstellungen übersichtlich strukturieren, indem sie ihre Lösungen in Form von Diagrammen, Schaubildern, sprachlichen Darstellungen, Zeichnungen und/oder Formeln darstellen (Prozessbezogener Kompetenzbereich „Darstellen"; vgl. ebd., S. 22).

➢ Die Lernenden sollen Informationsquellen auswählen und selbstständig nutzen, indem sie das Schulbuch, Nachschlagewerke und das Internet nutzen (Prozessbezogener Kompetenzbereich „Symbolische, formale und technische Elemente"; vgl. ebd., S. 25).

➢ Die Schüler sollen die Arbeitsergebnisse der Mitschüler bewerten, indem sie mit Hilfe des vorgegebenen Bewertungsbogens die Aussagen sowie das präsentierte Handlungsprodukt beurteilen und eine zusammenfassende Einschätzung geben.

Sozialkompetenzen:

➢ Indem alle Schüler die Möglichkeit haben, Vorschläge für Aufgaben und Handlungsprodukte zu artikulieren, und sie sich z.B. durch Handzeichen einigen, sollen sie demokratisches Vorgehen lernen.

➢ Die Schüler sollen sich in der Gruppe ihren Mitschülern gegenüber kooperativ und solidarisch verhalten. In der Gruppenarbeit sollen sie ihre Mitschüler dadurch als gleichberechtigte Lernpartner behandeln, dass alle Gruppenmitglieder die Möglichkeit erhalten, ihre Lösungsvorschläge darzulegen und sich am Ergebnis gleichermaßen zu beteiligen.

➢ Die Schüler sollen lernen, Verantwortung für sich und andere zu übernehmen, indem sie sich in der Gruppenarbeit und bei der Präsentation gegenseitig unterstützen. Dabei soll jeder Schüler auch Verantwortung für das Arbeitsergebnis übernehmen.

➢ Die Lernenden sollen das Ergebnis der Mitschüler angemessen anerkennen. Sie sollen sachlich Kritik üben, indem sie positive und auch negative Aspekte des Ergebnisses und der Präsentation rückmelden.

Selbstkompetenzen:

➢ Die Lernenden sollen Bereitschaft zur gemeinsamen Arbeit zeigen, indem sie sich konstruktiv an der Gruppenarbeit beteiligen. Dabei sollen sie die notwendige Motivation und Einstellung zum eigenen Lernen und Handeln aufweisen, um die Aufgaben selbstständig in der vorgegebenen Zeit zu bewältigen.

> Die Schüler sollen Vertrauen in die eigenen Fähigkeiten entwickeln, indem sie in der Gruppe Vorschläge zur Lösung machen und ihre Ansichten vertreten. Durch die Präsentation ihres Ergebnisses sollen sie insbesondere Mut und Selbstvertrauen aufbringen und gleichzeitig Ängste und Hemmungen abbauen, vor der Klasse zu stehen und zu sprechen.

5.2 Mögliche Lernziele der Schüler

Neben den Lehrzielen, die auch zu Zielen der Schüler (und damit zu Lehr-Lern-Zielen) werden können, werden sich die Lernziele der Schüler vordergründig auf das Handlungsprodukt, die Präsentation und auf das Arbeiten in der Gruppe beziehen. So können die Schüler sich bspw. zum Ziel setzen, dass sie

> die Lösungen der Aufgaben übersichtlich auf einem Plakat darstellen möchten,
> in der Präsentation das Arbeitsergebnis für alle verständlich vorstellen möchten,
> während der Gruppenarbeit eine Arbeitsteilung vornehmen möchten,
> alle Gruppenmitglieder etwas zur Präsentation beitragen sollen,
> lernen möchten, wie der Fahrradcomputer funktioniert,
> darstellen möchten, wie der Computer Streckenlängen ermittelt und eine Geschwindigkeit berechnet.

6 Methodische Planung

Die Unterrichtseinheit beginnt damit, dass die Schüler mit einem Fahrradcomputer, der nicht am Fahrrad montiert ist, konfrontiert werden. Ein Fahrrad steht außerdem im Klassenraum.[17] Im Sitzkreis sollen die Schüler Fragen beantworten, wie „Was stellen die einzelnen Teile dar?", „Wo wird was am Fahrrad angebracht?", „Wer hat selbst einen Fahrradcomputer und wozu setzt er ihn ein?". Die Schüler können dabei die Teile des Fahrradcomputers in der Hand halten und untersuchen, sodass der Einstieg als handlungsorientiert bezeichnet werden kann. Dieses Vorgehen am Beginn des Unterrichts soll das Interesse und die Aufmerksamkeit der Schüler auf das neue Thema lenken. Gleichzeitig werden die Vorerfahrungen der Schüler und evtl. Experten unter den Schülern ermittelt, die selbst einen Fahrradcomputer besitzen und den Umgang mit diesem bereits kennen.

Im Anschluss daran findet die Phase der Problematisierung statt, in der Schüler und Lehrer gemeinsam den Unterricht planen, indem sie Aufgaben, Ziele, das Vorgehen und Handlungsprodukte diskutieren. Der weitere Unterrichtsverlauf wird hier also strukturiert. Nach einer

---

[17] Der Fahrradcomputer wird später von der Lehrkraft wieder am Fahrrad angebracht, sodass die Schüler während des Arbeitens den Fahrradcomputer ausprobieren können. Je nach Lage des Klassenraumes und Wetterbedingung kann diese Phase des Unterrichts auch nach draußen verlegt werden.

demokratischen Einigung notieren die Schüler die Vereinbarungen auf dem Arbeitsblatt[18]. Der Lehrer muss diese Phase einleiten. Er sollte zunächst allgemeine Hinweise zum Ablauf der geplanten Einheit geben, so über den vorgesehenen Zeitrahmen, die Arbeit in den Gruppen und über die Präsentation mit gegenseitiger Bewertung im Anschluss an die Gruppenarbeit. Dann kann ein Gespräch mit den Schülern über die Aufgaben des Unterrichts stattfinden. Neben den vom Lehrer gestellten Mindestanforderungen[19] können die Schüler weitere Aufgaben, die sie interessieren und für relevant halten, vorschlagen, z.B. dass sie ihre Vorstellungen über die Funktionsweise des Fahrradcomputers darlegen möchten, wenn dieser die Maximalgeschwindigkeit oder Streckenlängen berechnet, dass sie weitere Funktionen (von anderen Fahrradcomputern) wie die Anzeige der Höhenmeter oder Herzfrequenz beschreiben und einschätzen, welche Personen die einzelnen Funktionen in welcher Absicht nutzen können, oder dass sie das „Innenleben" und damit die physikalische Funktionsweise näher betrachten möchten. Außerdem muss dann mit den Schülern festgelegt werden, ob alle Gruppen dieselben Aufgaben zusätzlich bearbeiten oder jede Gruppe entscheidet, ob sie überhaupt und welche Aufgaben sie über die Forderungen des Lehrers hinaus löst.

Dies leitet zugleich über in ein Gespräch über das weitere Vorgehen und über mögliche Handlungsprodukte, die hier als veröffentlichungsfähige materielle und geistige Ergebnisse der Unterrichtsarbeit verstanden werden (vgl. Meyer, 2007, S. 158). Die Bearbeitung der Aufgaben sollte dementsprechend zu Handlungsergebnissen führen, die vor der Klasse zu präsentieren sind. Es sollten zunächst einige Formen von Schüler- und Lehrerseite vorgeschlagen werden. So können die Ergebnisse der Gruppenarbeit z.B. auf einem Plakat, einer Folie oder in einem (Mini-)Portfolio, sofern die Schüler mit der Anfertigung eines Portfolios vertraut sind, festgehalten werden. Eine andere Form des Ergebnisses kann auch ein Arbeitsbericht der Gruppe sein, in dem sie den Arbeitsprozess chronologisch und realistisch darstellen, Schwierigkeiten und Erfolge darstellen und reflektieren, den Lernprozess selbst werten (vgl. Gudjons, 1997, S. 99). Schüler und Lehrer sollten sich wieder darüber einigen, ob alle Gruppen dasselbe Handlungsprodukt anstreben sollen oder jede Gruppe sich für eine Form entscheiden kann. Wichtig in dieser Phase erscheint mir das demokratische Vorgehen in der Verhandlung über Aufgaben und die Gestaltung des Unterrichts. Alle Schüler haben die Möglichkeit, Vorschläge einzubringen und auch der Lehrer macht seine Ansprüche deutlich. Die Vereinbarungen können bspw. durch Handzeichen geschehen. Meyer postuliert, dass die Schüler durch die Thematisierung des methodischen Vorgehens angeregt werden, ihre Methodenkompetenzen bewusst weiter zu entwickeln. Sie sollen durch die Verständigung über die anzustreben-

---

[18] s. Anhang
[19] Diese sind als vorgegebene Aufgaben bereits auf dem Arbeitsblatt formuliert.

den Handlungsprodukte zur Selbstständigkeit des Denkens, Fühlens und Handelns ermutigt werden. Das selbstständige Arbeiten fördert wiederum die Sach-, Sozial- und Sprachkompetenzen der Schüler (vgl. Meyer, 2007, S. 152).

Während der Verhandlung über Aufgaben, Handlungsprodukte und das Vorgehen klingen notwendigerweise Zielvorstellungen von Lehrern und Schülern mit. Der Lehrer sollte die für Schüler verständlichen Ziele andeuten, wie bspw., dass in der Gruppe selbstständig gearbeitet wird und jeder Verantwortung für das Arbeitsergebnis übernehmen soll. Der Lehrer kann auch bei Vorschlägen von einem Schüler nachfragen, warum er es für wichtig hält, dass diese Aufgabe bearbeitet werden soll. Ich halte es für sehr bedeutsam, dass Ziele transparent gemacht werden, insbesondere im Zusammenhang mit der Bewertung der Schülerleistungen. Mit der Ausgabe und Vorstellung des Bewertungsbogens[20], auf dessen Grundlage die Schüler in der geplanten Präsentation die Leistung der einzelnen Gruppen einschätzen sollen, werden zudem die Bewertungskriterien transparent und die Schüler können sich schon während der Anfertigung des Ergebnisses daran orientieren.

Die Schüler finden sich in Kleingruppen von je 4-5 Schülern zusammen und beginnen, selbstständig zu arbeiten. Dabei stehen ihnen das Fahrrad und der Fahrradcomputer weiterhin zur Verfügung. Sie können ihre Arbeit auch nach draußen verlegen und an eigenen Fahrrädern und Tachometern Erkundungen anstellen, wenn sie sich an vereinbarte Regeln halten (Einhaltung der Lautstärke, Konzentration auf die Aufgabenstellung), oder größere Handlungsprodukte, wie ein Plakat, auf dem Flur anfertigen. Neben der Bedienungsanleitung des Fahrradcomputers können die Schüler selbst Medien wählen, die ihnen zur Unterstützung der Bearbeitung der Aufgaben hilfreich erscheinen, wie bspw. das Internet, das Physik- oder Mathematikbuch, ein Lexikon aus der Schülerbibliothek.

Der Lehrer kann in dieser Unterrichtsphase verschiedenen Aufgaben nachgehen. Eine Veränderung bezüglich der Lehrerrolle im traditionellen Unterricht besteht darin, dass er die Schüler selbstständig arbeiten lässt. Er steht als Lernberater zur Verfügung und gibt möglichst nur Hilfe zur Selbsthilfe. Der Lehrer sollte die Arbeit der Schüler unauffällig, aber sorgfältig beobachten. Damit kann er sich zum einen ein Bild von der Arbeitsweise der einzelnen Gruppen und einzelner Schüler machen, um später Rückmeldung geben zu können und eine Grundlage für die Bewertung zu haben. Zum anderen kann gewährleistet werden, dass die Schüler in der vorgegebenen Zeit das Handlungsergebnis anfertigen. Die Beobachtung des Arbeitsprozesses ist in diesem Sinne ein bedeutendes Mittel der Pädagogischen Diagnostik, weil Anhaltspunkte

---

[20] Der Bewertungsbogen (s. Anhang) wurde in Anlehnung an die Vorschläge von Winter zur gegenseitigen Bewertung erstellt (vgl. Winter, 2006, S. 236 ff.).

über Lernhandlungen und Lernstrategien bei Lösungstätigkeiten und über förderliche oder hinderliche Bedingungen gewonnen werden können (vgl. Winter, 2006, S. 234). Probleme und Fragen sollen vor allem in der Zwischenreflexion geklärt werden. Dazu kommen alle Schüler und der Lehrer zusammen und ein Schüler jeder Gruppe berichtet kurz über den Stand der Bearbeitung. Die Schüler können sich gegenseitig Hinweise zur Arbeitsweise oder Lösungsansätzen geben und auch der Lehrer kann Tipps geben. Da die Zwischenreflexion zu Beginn der zweiten Doppelstunde stattfinden soll, gewährleistet sie zugleich eine Anknüpfung an die bisher geleistete Arbeit der Schüler und fungiert so als Einstieg in die Bearbeitung.

Nach einer weiteren Gruppenarbeitsphase im Anschluss an die Zwischenreflexion findet die Ergebnissicherung in der Form statt, dass die Schüler ihre Lösungen nacheinander vor der Klasse präsentieren. Es sollten sich möglichst alle Schüler der Gruppe daran beteiligen, indem jeder einen Teil der Präsentation übernimmt. Je nach der Form des Ergebnisses wird die Präsentation unterschiedlich ausfallen. Ein Plakat wird an die Stellwand geheftet, eine Folie mit dem Overhead-Projektor gezeigt, während die Schüler die Darstellungen erläutern und darüber hinaus über weitere nicht dargestellte Lösungen, die in der Gruppe zustande gekommen sind, berichten. Ein Portfolio kann vorgestellt werden, indem die Schüler den Aufbau und den Inhalt des Portfolios beschreiben. Ein Arbeitsbericht kann vorgelesen und erläutert werden. Während der Präsentationen bewerten die Mitschüler den Vortrag und das Handlungsprodukt mit Hilfe des Bewertungsbogens. Nach jeder Präsentation geben die Mitschüler und der Lehrer der Gruppe kurz Rückmeldung über methodische und inhaltliche, positive wie negative Auffälligkeiten. Die ausgefüllten Bewertungsbögen werden am Ende vom Lehrer eingesammelt. Sie können ihm einerseits bei der Bewertung der Schülerleistungen hilfreich sein, weil sie ihm insbesondere eine Schülerperspektive auf die Arbeiten liefern, andererseits können die Bögen der Gruppe gegeben werden, um eine inhaltlich differenzierte Rückmeldung zu leisten. Abschließend soll eine Reflexion über das methodische Vorgehen, insbesondere die Arbeit in den Kleingruppen, stattfinden. Hier können die Schüler ihre persönlichen Meinungen frei äußern, Verbesserungsvorschläge zur Unterrichtsplanung machen und vor allem über ihr eigenes Befinden in den verschiedenen Phasen des Unterrichts berichten. In diesem Sinne dient die Ergebnissicherung auch der kritischen Bewertung und vernünftigen Verständigung über die geleistete Unterrichtsarbeit, wodurch eine demokratische Kontrolle von Planungs-, Mitbestimmungs- und Arbeitsprozessen eingeübt werden kann (vgl. Meyer, 2007, S. 165 ff.).

Was die Konzeption dieser Unterrichtseinheit betrifft, so kann sie insbesondere durch die Vorstellungen Klingenbergs begründet werden. So fordert er,

„Lernende als mitgestaltende, mitentscheidende und mitverantwortende Akteure in das Unterrichtskonzept einzubeziehen, ihre *Subjektposition* in allen Funktionen des Unterrichts in Ansatz zu bringen und zu respektieren: bei der Planung (insbesondere bei komplexen Lernvorhaben), bei der Unterrichtsgestaltung selbst und bei der kritischen Begleitung und Reflexion didaktischer Prozesse. Der dialogische Charakter des Unterrichts schließt auch das Gespräch von Lehrenden und Lernenden über Inhalte, Methoden, Organisationsformen und Resultate des Unterrichts ein. Es geht also, kurz gesagt, um eine zunehmende Bewusstheit und kritische Verantwortung von Lehrenden *und* Lernenden für den Unterricht als eine Sache, die nicht *für* Schüler veranstaltet, sondern *mit* ihnen gestaltet wird." (Klingenberg, 1990, S. 78, Hervorh. im Orig.)

Zur Begründung der eingesetzten Unterrichtsmethoden möchte ich einige Perspektiven aufzeigen, die diese eröffnen.

Die methodische Großform ist der projektorientierte Unterricht. Gudjons formuliert zehn Merkmale des Projektunterrichts[21] und schlägt vor, von projektorientiertem Unterricht zu sprechen, wenn nur einige dieser Merkmale erfüllt sind (vgl. Gudjons, 1994, S. 14 ff.). Fast alle Merkmale werden in dem geplanten Unterricht realisiert. Die Bezeichnung „projektorientierter Unterricht" gegenüber „Projektunterricht" habe ich auch deshalb bevorzugt, weil insbesondere die *Selbst*bestimmung und *Selbst*verantwortung nicht gegeben sind. Es geht in der Unterrichtseinheit vielmehr darum, dass Lehrer und Schüler gemeinsam bestimmen und entscheiden. Die Schüler erhalten somit *Mit*bestimmung und *Mit*verantwortung. Ich halte dies für die Altersstufe und in Anbetracht der an den meisten Schulen mangelnden Erfahrung mit selbstständigen Arbeiten und Projektunterricht für angemessen.

Ein hauptsächliches Ziel des Projektunterrichts, das man auch für den projektorientierten Unterricht anführen kann, ist die Erziehung zur demokratischen Gesellschaft (vgl. ebd., S. 15). In den 20er Jahren des 20. Jahrhunderts forderten Dewey und Kilpatrick als Reaktion auf gesellschaftliche Wandlungen einen veränderten Unterricht, der die Interessen und Bedürfnisse der Schüler in den Vordergrund stellt, damit die Schüler im Prozess des selbstorganisierten Lernens bei ihrer Arbeit Planen, Lernen und Handeln verbinden lernen (vgl. Drüke-Noe, 2006, S. 126). Denn wenn die Zukunft unbekannt ist, muss die junge Generation lernen, Probleme aufzugreifen und zu lösen, d.h. ihre Verhältnisse durch problemlösendes Handeln zu gestalten

---

[21] 1. Situationsbezug, 2. Orientierung an den Interessen der Beteiligten, 3. Selbstorganisation und Selbstverantwortung, 4. Gesellschaftliche Praxisrelevanz, 5. Zielgerichtete Projektplanung, 6. Produktorientierung, 7. Einbeziehen vieler Sinne, 8. Soziales Lernen im Projekt, 9. Interdisziplinarität, 10. Bezug zum Lehrgang: Grenzen des Projektunterrichts (vgl. Gudjons, 1994, S. 14 ff.).

(vgl. Gudjons, 1994, S. 14). Frey sieht entsprechend in der Projektmethode einen Weg zur Bildung, eine Form der lernenden Betätigung, die bildend wirkt (vgl. Frey, 2005, S. 14). Projektorientierung trägt außerdem zur Schüleraktivierung bei, weil die Schüler auch eigene Fragestellungen entwickeln und bearbeiten und das Lernergebnis entwickelt und gewonnen werden muss. Zudem eröffnen sich Chancen zur Vernetzung und zum Denken in funktionalen Zusammenhängen. Damit können entdeckendes Lernen und geistige Flexibilität sowie Kreativität und Argumentationsfähigkeit gefördert werden. Auch die Konzentration und Motivation können gesteigert werden, sodass Möglichkeiten zum nachhaltigen Lernen geschaffen werden. Projektorientierter Unterricht leistet ferner einen Beitrag zur Binnendifferenzierung, weil Schüler sich selbst Aufgaben stellen und Lösungsmöglichkeiten wählen. Neben der Prozessorientierung impliziert Projektorientierung auch Produktorientierung. Die Lösung einer projektartigen Aufgabe hat eine reale Bedeutung und bei der Bewertung von Schülerleistungen können andere Aspekte, wie die Präsentation des Produktes, berücksichtigt werden als bei der Bewertung herkömmlicher Aufgaben (vgl. Drüke-Noe, 2006, S. 132 ff.).

Wie schon erwähnt, ist ein Merkmal des Projektunterrichts nach Gudjons die Interdisziplinarität (vgl. Gudjons, 1994, S. 25). Im projektorientierten Unterricht bietet sich fächerübergreifendes Lernen demnach an. Huber sieht die Motive für fächerübergreifenden Unterricht im ganzheitlichen Lernen, problemorientierten Lernen und reflexiven Lernen (vgl. Huber, 1999, S. 38 ff.). Der Autor beschreibt außerdem Varianten fächerübergreifenden Lernens. Der von mir geplante Unterricht ist zunächst *fachüberschreitend* angelegt, denn in und aus dem Unterricht heraus wird auf größere Zusammenhänge verwiesen werden. Dies betrifft insbesondere die physikalische Funktionsweise des Fahrradcomputers, z.B. die Fragen, wie der Magnet Impulse an den Sensor gibt oder wie die Funkverbindung funktioniert. Diese Fragen bleiben offen, wenn sich nicht der Physiklehrer der Klasse zu einem *fächerverbindenden* Unterricht bereit erklären würde. Dann kann das Thema in beiden Fächern aufgegriffen werden. Dies geschieht in der Kenntnis dessen, was jeweils in dem anderen Fach im Unterricht behandelt wird (vgl. ebd., S. 34 f.). Dies ist in diesem Falle besonders sinnvoll, weil die Behandlung von Geschwindigkeiten[22] expliziter Inhalt des Physikunterrichts im Themenbereich Mechanik ist. Laut Ludwig sprechen einige Gründe für das fächerübergreifende Unterrichten. Er meint unter anderem, dass in verschiedenen Kontexten angewendetes Wissen zu einem tieferen Verständnis führt. Im späteren Berufsleben kommt es ferner darauf an, mit Experten von anderen Gebieten zusammenarbeiten zu können. Zuletzt ist ein bedeutender Grund darin zu sehen,

---

[22] Am Ende des 8. Klasse wird erwartet, dass die Schüler gleichförmige Bewegungen anhand von linearen t-s- und t-v-Diagrammen qualitativ beschreiben (vgl. Niedersächsisches Kerncurriculum, 2007, S.29).

dass fächerübergreifender Unterricht allgemeinbildend wirkt, weil der Schüler in vielfältiger Weise die Welt kennen und verstehen lernt, den alltäglichen Nutzen des Wissens erfährt, prozessbezogene Kompetenzen übt, seine Vernunft einsetzen und sein Handeln ständig hinterfragen muss. Fächerübergreifender Unterricht, insbesondere in Projektform, bewirkt darüber hinaus positive Veränderungen in den Beziehungen Mathematiklehrer - Schüler, Mathematik - Schüler und Eltern - Lehrer, wenn diese zur Präsentation eingeladen sind (vgl. Ludwig, 2005, S. 164 & S. 177 f.).

Nicht nur fächerübergreifendes, auch handlungsorientiertes Lernen erhält im projektorientierten Unterricht eine besondere Chance. Meyer zufolge ist handlungsorientierter Unterricht „ein ganzheitlicher und schüleraktiver Unterricht, in dem die zwischen dem Lehrer und den Schülern vereinbarten Handlungsprodukte die Organisation des Unterrichtsprozesses leiten, so daß Kopf- und Handarbeit der Schüler in ein ausgewogenes Verhältnis zueinander gebracht werden können" (Meyer, 2007, S. 402). Die Begründungen für einen solchen Unterricht sind vielfältig: Auf der Ebene grundlegender theoretischer Analysen lassen sich die Vorteile des handlungsorientierten Unterrichts darin feststellen, dass Schüler ganzheitlich lernen, Lernen und Handeln sehr eng miteinander verknüpft sind, selbstständiges Lernen geübt wird, Schüler auf die zunehmende Komplexität der gesellschaftlichen, wissenschaftlichen, technischen und ökonomischen Entwicklungen vorbereitet werden. Auf unterrichtspraktischer Ebene liegen die Stärken des Konzepts darin, dass Schüler sich eher mit dem Unterricht identifizieren, an dessen Planung und Durchführung sie aktiv beteiligt worden sind, die Verständigung über das anzustrebende Handlungsprodukt eine organisierende Kraft für die Unterrichtsgestaltung erhalten kann, Methodenkompetenzen entwickelt, Nebentätigkeiten in konstruktive Bahnen gelenkt, die Leistungserwartungen sachlich begründet werden können und dass die demokratische Kontrolle und Kritik der Unterrichtsarbeit anhand der Handlungsprodukte eingeübt werden kann (vgl. Meyer, 2007, S. 409 f.).[23] Ein wichtiger Aspekt erscheint mir außerdem, dass ganzheitliches Lernen kognitives und affektives Lernen verbindet und dabei die unterschiedlichen Lerneingangskanäle und Lerntypen berücksichtigt (vgl. Heske, 2005, S. 186).

Neben dem Plenumsunterricht, in dem jeweils Schüler- und Lehrergespräche stattfinden, ist die Gruppenarbeit die vorherrschende Sozialform. Seine Funktionen sind bekannt und sollen hier nur kurz angedeutet werden. Der Gruppenunterricht ermöglicht es, dass sich mehr Schü-

---

[23] Ausführliche Erläuterungen zur Begründung handlungsorientierten Unterrichts geben darüber hinaus Meyer (2005, S. 321 ff.), der eine entwicklungstheoretische, lerntheoretische, sozialisationstheoretische und bildungstheoretische Begründung gibt, sowie Gudjons (1997, S. 61 ff.), der in ähnlicher Weise eine sozialisationstheoretische, anthropologisch-lernpsychologische und didaktisch-methodische Begründungsebene unterscheidet.

ler aktiv am Unterrichtsprozess beteiligen. Sie können sich ohne Ängste frei äußern und müssen nicht so sehr auf die sprachliche Formulierung achten. In der Gruppenarbeit kann relativ selbstständig gearbeitet werden, es können auch Lernumwege betreten werden. Neben der Förderung der Methodenkompetenzen kann ein Zusammengehörigkeitsgefühl in der Gruppe entwickelt werden. Meyer macht zweierlei deutlich: Erstens ist Gruppenunterricht geeignet, Schüler zu selbstständigem Denken, Fühlen und Handeln zu ermutigen. Zweitens besteht das übergeordnete Ziel des Gruppenunterrichts darin, Schüler durch die gemeinsame Arbeit an der Lernaufgabe zum solidarischen Handeln zu befähigen (vgl. Meyer, 2007, S. 245 ff.). Gruppenarbeit ermöglicht soziales und vertieftes kognitives Lernen, womit auch die Vermittlung prozessbezogener Kompetenzen verbunden ist, wie ich es in den Lernzielen beschrieben habe. Gruppenarbeit (und auch Projektarbeit) sind Arbeitsformen, die dazu veranlassen, „Gedanken sprachlich zu fassen, zu argumentieren, andere Perspektiven einzunehmen und mit abweichenden Ansichten und Urteilen umzugehen. Die Bereitschaft zur gemeinsamen Arbeit wird gefördert" (Niedersächsisches Kultusministerium, Kerncurriculum 2006c, S. 8).

In der Phase der Ergebnissicherung treten mindestens zwei nach Winter neue Methoden der Leistungsbewertung in einer neuen Lernkultur auf, nämlich die Präsentation und die gegenseitige Bewertung. In seiner Arbeit geht er von der These aus, dass für eine tief greifende Reform der Lernkultur eine ebenfalls reformierte Leistungsbewertung notwendig ist. In dieser Unterrichtseinheit kommen alle von Winter postulierten Merkmale einer neuen Lernkultur zum Tragen: die höhere Selbstständigkeit und Eigenverantwortung des Handelns der Lernenden, die stärkere Orientierung auf den Lernprozess, die verstärkte Hinwendung zu komplexen, alltagsnahen Aufgaben sowie der Anspruch auf Partizipation der Schüler und eine Demokratisierung der Lernkultur insgesamt (vgl. Winter, 2006, S. 6).

Leistungspräsentationen sind ein wichtiges Mittel einer neuen Lernkultur. Es ergibt sich die Möglichkeit, mit der Methode der Präsentation bestimmte Schülerleistungen gezielt einer Öffentlichkeit, hier der Schulklasse, zugänglich zu machen und mehrseitig zu bewerten, wodurch die Leistungsbewertung demokratisiert wird (vgl. ebd., S. 275 & S. 283). Die Präsentation ist in dem geplanten Unterricht verbunden mit der wechselseitigen Bewertung, d.h., dass Schüler sich gegenseitig bewerten. Diese dient vor allem dazu, dass Schüler Lernprozesse und Produkte sachgerecht einschätzen lernen und Fähigkeiten zur Reflexion und Bewertung erwerben. Ein besonderer Vorteil der Methode liegt darin, dass die Rückmeldungen mit Hilfe des Bewertungsbogens inhaltlich differenziert erfolgen (vgl. ebd., S. 236 & S. 249). Je nachdem, auf welche Form des Handlungsproduktes sich Schüler und Lehrer geeinigt haben, sind weitere Methoden einer im Sinne des Autors reformierten Leistungsbewertung im Unterricht integriert, wie z.b. das Portfolio, das dazu dient, die Leistungen sowie den Lern- und Arbeitsprozess von Schülern zu dokumentieren. Aus dem im Unterricht zunächst angefertigten Arbeitsportfolio kann später ein Bewertungsportfolio werden. Das Portfolio kann in diesem Unterricht die Arbeitsergebnisse enthalten, also die Schülerlösungen zu den gestellten Aufgaben, und Reflexionen der Schüler. Mit der Portfoliomethode können hier insbesondere neue Formen der Reflexion, Bewertung und Kommunikation über die Leistung etabliert werden (vgl. ebd., S. 187 & S. 190 f. & S. 195).

Neben möglichen Schwierigkeiten, die bei mangelnder Erfahrung mit den Arbeitsmethoden immer auftreten können, wie z.b., dass die Schüler die Aufgaben nicht im vorgegebenen Zeitrahmen fertig stellen, möchte ich abschließend auf eine inhaltliche Schwierigkeit hinweisen: Beim Vorgehen müssen die Schüler erkennen, dass eine Radumdrehung einer bestimmten zurückgelegten Strecke entspricht. Da die Kreisberechnung erst im 9. oder 10. Schuljahr thematisiert wird, könnte es bei diesem Übersetzungsprozess Verständnisprobleme geben. Durch ein Abrollen des Rades auf einer Linie kann in dem Falle verdeutlicht werden, dass der Umfang des Rades eine Streckenlänge ist.

7 Verlaufspläne

Stundenverlaufsplan für die erste Doppelstunde (90 min)

Zeit	Phasen	Unterrichtsschritte (geplantes Lehrerverhalten & erwartetes Schülerverhalten)	*Sozialformen &* **Handlungsmuster**	Medien / Material
		Begrüßung		
10 min	Einstieg	1. Lehrer konfrontiert die Schüler mit einem nicht montierten Fahrradcomputer. Schüler beantworten Fragen, wie „Was stellen die einzelnen Teile dar?", „Wo wird was am Fahrrad angebracht?", „Wer hat selbst einen Fahrradcomputer und wozu setzt er ihn ein?".	*Plenumsunterricht (im Kreis)* Schüler-Lehrer-Gespräch	Fahrrad, Fahrradcomputer
20 min	Problematisierung	2. Schüler und Lehrer planen gemeinsam die Unterrichtseinheit, indem sie über Aufgaben, Ziele, das Vorgehen und Handlungsprodukte diskutieren, sich darüber einigen und die Vereinbarungen auf dem Arbeitsblatt notieren. Der Lehrer gibt vor, dass folgende Aufgaben bearbeitet werden müssen (Mindestanforderung): ➢ Beschreibung der Teile des Fahrradcomputers und Nennung seiner Funktionen ➢ Darstellung der Funktionsweise der	*Plenumsunterricht (im Kreis)* Schüler-Lehrer-Gespräch	Arbeitsblatt, Bewertungsbogen

Zeit	Phasen	Unterrichtsschritte	Sozialformen & Handlungsmuster	Medien / Material
60 min	Erarbeitung	Berechnung von Geschwindigkeiten ➢ eigene Definition und Erklärung von Momentan- und Durchschnittsgeschwindigkeit; Erläuterung des funktionalen Zusammenhangs von Länge, Zeit und Geschwindigkeit Die Schüler bilden selbstständig Kleingruppen von je 4-5 Schülern. 3. Die Schüler arbeiten an den vereinbarten Aufgaben, um zu Handlungsprodukten zu gelangen. Der Lehrer steht als Lernberater zur Verfügung und gibt auf Anfrage Hilfestellung.	*Gruppenarbeit* handlungsorientierte Schüleraktivität, Schülergespräche, selbstständiges Arbeiten	Fahrrad, Fahrradcomputer, Arbeitsblatt, Bedienungsanleitung, Internet, Lexikon, Schulbuch, Material für Handlungsprodukte
		Beenden der Stunde		

Stundenverlaufsplan für die zweite Doppelstunde (90 min)

Zeit	Phasen	Unterrichtsschritte (geplantes Lehrerverhalten & erwartetes Schülerverhalten)	*Sozialformen & Handlungsmuster*	Medien / Material
		Begrüßung		
10 min	Einstieg	4. Schüler und Lehrer treffen sich zu einer Zwischenreflexion: Jede Gruppe berichtet kurz darüber, wie weit sie in der letzten Stunde gekommen ist. Fragen können geklärt werden.	*Plenumsunterricht (im Kreis)* Schüler-Lehrer-Gespräch	Arbeitsblatt
45 min	Erarbeitung	5. Die Schüler arbeiten an den vereinbarten Aufgaben, um zu Handlungsprodukten zu gelangen. Der Lehrer steht als Lernberater zur Verfügung und gibt auf Anfrage Hilfestellung.	*Gruppenarbeit* handlungsorientierte Schüleraktivität, Schülergespräche, selbstständiges Arbeiten	Fahrrad, Fahrrad, Fahrradcomputer, Arbeitsblatt, Bedienungsanleitung, Internet, Lexikon, Schulbuch, Material für Handlungsprodukte
35 min	Ergebnissicherung	6. Die Schüler präsentieren ihre Lösungen nacheinander vor der Klasse. Die	*Plenumsunterricht (frontal)*	Tafel, Stellwand,

		Mitschüler bewerten den Vortrag und das Handlungsprodukt mit Hilfe des Bewertungsbogens. Mitschüler und Lehrer geben der Gruppe nach der Präsentation kurz Rückmeldung über methodische und/oder inhaltliche Auffälligkeiten.	Schülervortrag, Schüler-Lehrer-Gespräch	Bewertungsbogen
		7. Schüler und Lehrer reflektieren abschließend über das methodische Vorgehen, insbesondere die Arbeit in den Kleingruppen. Die Schüler äußern ihre persönliche Meinung darüber und ihr Befinden in den verschiedenen Phasen des Unterrichts.	Schüler-Lehrer-Gespräch	
		Beenden der Stunde		

8 Materialien und erwartete Schülerlösungen

Die Materialien dieser Unterrichtseinheit wurden bereits genannt. Für einen handlungsorientierten Unterricht stehen zum einen als Gegenstände ein Fahrrad und ein Fahrradcomputer zur Verfügung, zur Bearbeitung der Aufgaben eine Bedienungs- und Montageanleitung des kabellosen Fahrradcomputers GT 9339, ein Computer mit Internetzugang, Schulbücher für den Mathematik- und Physikunterricht, Lexika in der Schülerbibliothek sowie zur Anfertigung der Handlungsprodukte Plakate, verschiedenfarbige Eddings, buntes Papier, Kleber, Scheren, Overhead-Folien und Folienstifte. Hinzu kommen das Arbeitsblatt und der Bewertungsbogen, der an jeden Schüler je nach Anzahl der Gruppen mehrfach ausgeteilt werden muss.

Ein großer Vorteil des konzipierten Unterrichts liegt darin, dass die Aufgaben und Arbeitsformen verschiedene Lösungswege und Lösungen in unterschiedlichen Darstellungsformen ermöglichen. Hier liegt eine innere Differenzierung vor. Neubrand unterstreicht die Bedeutung multipler Lösungswege, die einen Zugang zu einem verständnisorientierten Mathematikunterricht ermöglichen. So vertieft jeder neue Lösungsweg die Einsicht in den behandelten Gegenstand. Multiple Lösungswege unterstützen außerdem das verstehende Lernen, fördern individuelles Lernen und geben Hinweise auf den Leistungsstand der Schüler (vgl. Neubrand, 2006, S. 162 ff.).

Wie bereits in den Überlegungen zur methodischen Planung angesprochen, können die Handlungsprodukte der Gruppenarbeit, bspw. ein Plakat, eine Folie, ein kleines Portfolio oder ein Arbeitsbericht der Gruppe sein. In allen Formen können Schülerlösungen in unterschiedlicher Weise, insbesondere in verschiedenen Repräsentationsformen, dargestellt sein. Die Darstellung und Erschließung von Wissen kann enaktiv, ikonisch und symbolisch erfolgen. Die Dar-

stellungen der Schüler werden damit notwendigerweise auf verschiedenen Abstraktionsebenen liegen (s. auch Sachanalyse):
- enaktiv / anschaulich: z.B. Erklärungen anhand des Fahrrades und der Funktionsweise des Fahrradcomputers
- ikonisch: z.B. Bilder und Zeichnungen zur Funktionsweise des Fahrradcomputers, Darstellung der Zusammenhänge zwischen Strecke, Zeit und Geschwindigkeit im Diagramm
- symbolisch / abstrakt: z.B. die mathematische Gleichung $v = s/t$

Die Beschreibungen und Erklärungen können schriftlich und verbal erfolgen.

Trotzdem ich davon ausgehe, dass die Schüler eher Lösungen auf der enaktiven und ikonischen Ebene präsentieren, werden viele verschiedene Darstellungsformen vorhanden sein. Da mit einer Darstellung immer eine bestimmte Vorstellung verknüpft ist, ist es sinnvoll, diese im Unterricht aufzuzeigen (vgl. Weigand, 1988, S. 57).

9 Reflexion

Für mich ist eine Realisierung des geplanten Unterrichts sehr gut vorstellbar. Jedoch tragen viele Faktoren zum Gelingen eines derartigen Unterrichts bei. Die methodische Form des projektorientierten Unterrichts stellt in vielen Schulen noch eine Ausnahme dar. Franke sieht insbesondere Grenzen des Projektunterrichts, die vorwiegend in der Unterrichtsorganisation liegen, und zwar dass dieser relativ zeitaufwendig ist, die Schüler zum Teil außerhalb des Klassenraums aktiv sind, daher Unruhe einkehren und der Lehrer oft nicht alleine Sicherheit gewährleisten kann, die Koordination mit anderen Fachlehrern nicht immer möglich ist, sich nicht jedes mathematische Lernziel erreichen lässt und die (normorientierte) Leistungsbewertung erschwert ist (vgl. Franke, 2003, S. 188).

Meiner Meinung nach lohnt sich ein projektorientierter oder Projektunterricht trotzdem. Die Vorzüge und die Perspektiven dieser Unterrichtsform wurden ausführlich dargestellt. Selbst ein erhöhter Zeitaufwand ist damit zu rechtfertigen, dass die Schüler sehr viel mehr als im traditionellen, gerade im Mathematikunterricht bevorzugten Frontalunterricht lernen, so z.B. selbstständiges Arbeiten, Mitentscheiden und Mitplanen von Unterricht, Verantwortungsübernahme, solidarisches und kooperatives Verhalten, eine verstärkte Entwicklung der in den Kerncurricula beschriebenen inhaltlichen und prozessbezogenen Kompetenzen - je nach Unterrichtsinhalt und methodischem Vorgehen. Wichtig erscheint mir, dass sowohl die Lehrkraft als auch die Schüler eine neue Perspektive auf die Mathematik, die hier anwendungsorientiert und aktiv betrieben wird, als auch auf den Unterricht insgesamt erhalten.

Abschließend möchte ich auf zwei Probleme hinweisen, die sich mir beim Schreiben dieses Unterrichtsentwurfs stellten: Zum einen war die Literaturbeschaffung zur Sachanalyse nicht einfach. Zur Funktionsweise eines Fahrradtachometers habe ich keine Literatur gefunden. Daneben fehlten mir elementare Darstellungen zu den Begriffen der Durchschnitts- und Momentangeschwindigkeit. In den Physikschulbüchern habe ich einiges hierzu gefunden, die Lehrbücher für Studenten behandeln das Thema aber auf der Grundlage höherer Mathematik als sie für die Sekundarstufe I vorgesehen ist.

Zum anderen fiel es mir schwer, den Rahmen des Unterrichts zu bestimmen. Da sich einige Aufgaben und die Form des Handlungsprodukts erst aus der gemeinsamen Planung ergeben werden, habe ich mich beim Schreiben vordergründig auf die von mir vorgesehenen Aufgaben konzentriert. Ich bin mir sicher, dass der Unterricht schließlich durch viele kreative Ideen der Schüler bereichert wird.

10 Literatur

Drüke-Noe, Christina (2006): Projektorientierung. In: Blum, Werner; Drüke-Noe, Christina; Hartung, Ralph; Köller, Olaf (Hrsg.): Bildungsstandards Mathematik: konkret. Sekundarstufe I. Aufgabenbeispiele, Unterrichtsanregungen, Fortbildungsideen. 1. Auflage. Berlin: Cornelsen Scriptor. S. 126-134

Franke, Marianne (2003): Didaktik des Sachrechnens in der Grundschule. 1. Auflage. Heidelberg, Berlin: Spektrum Akad. Verl.

Frey, Karl (2005): Die Projektmethode. „Der Weg zum bildenden Tun". 10., überarb. Auflage. Weinheim und Basel: Beltz

Fricke, Arnold (1987): Sachrechnen. Das Lösen angewandter Aufgaben. 1. Auflage. Stuttgart: Klett

Gudjons, Herbert (1994): Was ist Projektunterricht? In: Bastian, Johannes; Gudjons, Herbert (Hrsg.): Das Projektbuch. Theorie - Praxisbeispiele - Erfahrungen. 4. Auflage. Hamburg: Bergmann und Helbig. S. 14-27

Gudjons, Herbert (1997): Handlungsorientiert lehren und lernen. Schüleraktivierung - Selbsttätigkeit - Projektarbeit. 5., überarb. und erw. Auflage. Bad Heilbrunn: Klinkhardt

Hepp, Ralph (Hrsg.) (2001): Umwelt: Physik. Ausgabe B. Schülerband. 1. Auflage. Stuttgart [u.a.]: Klett

Heske, Henning (2005): Ganzheitliches Lernen. In: Leuders, Timo (Hrsg.): Mathematik-Didaktik. Praxishandbuch für die Sekundarstufe I und II. 2. Auflage. Berlin: Cornelsen Scriptor.S. 185-197

Huber, Ludwig (1999): Vereint, aber nicht eins: Fächerübergreifender Unterricht und Projektunterricht. In: Hänsel, Dagmar (Hrsg.): Projektunterricht. Ein praxisorientiertes Handbuch. 2., neu ausgestattete Auflage. Weinheim und Basel: Beltz. S. 31-53

Institut für die Pädagogik der Naturwissenschaften an der Universität Kiel (IPN) (Hrsg.) (1975): Unterrichtseinheit OS 4. Länge - Zeit - Geschwindigkeit. Didaktische Anleitungen. 1. Auflage. Stuttgart: Klett

Jank, Werner; Meyer, Hilbert (2005): Didaktische Modelle. 5., überarb. Auflage. Berlin: Cornelsen Scriptor

Kietzmann, Udo; Kliemann, Sabine; Pongs, Rainer; Schmidt, Wolfram; Vernay, Rüdiger; Wellstein, Hartmut (2004): Mathe live 7. Mathematik für Sekundarstufe I. Schülerband. 1. Auflage. Stuttgart [u.a.]: Klett

Klingberg, Lothar (1990): Lehrende und Lernende im Unterricht. Zu didaktischen Aspekten ihrer Positionen im Unterrichtsprozeß. 1. Auflage. Berlin: Volk und Wissen-Verl.

Leuders, Timo; Leiß, Dominik (2006): Realitätsbezüge. In: Blum, Werner; Drüke-Noe, Christina; Hartung, Ralph; Köller, Olaf (Hrsg.): Bildungsstandards Mathematik: konkret.

Sekundarstufe I. Aufgabenbeispiele, Unterrichtsanregungen, Fortbildungsideen. 1. Auflage. Berlin: Cornelsen Scriptor. S. 194-206

Leuders, Timo; Maaß, Katja (2005): Modellieren - Brücken zwischen Welt und Mathematik. In: PM: Praxis der Mathematik in der Schule, 2005 (3), S. 1-7

Ludwig, Matthias (2005): Fächerübergreifendes Lernen. In: Leuders, Timo (Hrsg.): Mathematik-Didaktik. Praxishandbuch für die Sekundarstufe I und II. 2. Auflage. Berlin: Cornelsen Scriptor.S. 164-178

Meyer, Hilbert (2007): Unterrichts-Methoden. Bd. II: Praxisband. 12. Auflage. Berlin: Cornelsen Scriptor

Neubrand, Michael (2006): Multiple Lösungswege für Aufgaben: Bedeutung für Fach, Lernen, Unterricht und Leistungserfassung. In: Blum, Werner; Drüke-Noe, Christina; Hartung, Ralph; Köller, Olaf (Hrsg.): Bildungsstandards Mathematik: konkret. Sekundarstufe I. Aufgabenbeispiele, Unterrichtsanregungen, Fortbildungsideen. 1. Auflage. Berlin: Cornelsen Scriptor. S. 162-177

Vollrath, Hans-Joachim (2001): Grundlagen des Mathematikunterrichts in der Sekundarstufe. 1. Auflage. Heidelberg, Berlin: Spektrum Akad. Verl.

Walz, Adolf (Hrsg.) (1996): Blickpunkt Physik 3. Schülerband. 1. Auflage. Hannover: Schroedel, Schulbuchverl.

Weigand, Hans-Georg (1988): Zur Bedeutung von Zeitfunktionen für den Mathematikunterricht. In: Journal für Mathematik-Didaktik, 1988 (1), S. 55-86

Winter, Felix (2006): Leistungsbewertung. Eine neue Lernkultur braucht einen anderen Umgang mit den Schülerleistungen. 2., unveränd. Auflage. Baltmannsweiler: Schneider-Verl. Hohengehren

Quellen aus dem Internet:

Bibliographisches Institut & F. A. Brockhaus AG (2007): Meyers Lexikon online. Tachometer. Zugriff am 07. Juli 2008 unter http://lexikon.meyers.de/meyers/Tachometer

Niedersächsisches Kultusministerium (Hrsg.) (2006a): Kerncurriculum für die Grundschule. Schuljahrgänge 1 - 4. Mathematik. Niedersachsen. Zugriff am 07. Juli 2008 unter http://db2.nibis.de/1db/cuvo/datei/kc_gs_mathe_nib.pdf

Niedersächsisches Kultusministerium (Hrsg.) (2006b): Kerncurriculum für die Grundschule. Schuljahrgänge 1 - 4. Sachunterricht. Niedersachsen. Zugriff am 07. Juli 2008 unter http://db2.nibis.de/1db/cuvo/datei/kc_gs_sachunterricht_nib.pdf

Niedersächsisches Kultusministerium (Hrsg.) (2006c): Kerncurriculum für die Realschule. Schuljahrgänge 5 - 10. Mathematik. Niedersachsen. Zugriff am 07. Juli 2008 unter http://db2.nibis.de/1db/cuvo/datei/kc_rs_mathe_nib.pdf

Niedersächsisches Kultusministerium (Hrsg.) (2007): Kerncurriculum für die Realschule. Schuljahrgänge 5 - 10. Naturwissenschaften. Niedersachsen. Zugriff am 07. Juli 2008 unter http://db2.nibis.de/1db/cuvo/datei/kc_rs_nws_07_nib.pdf